essentials

essentials liefern aktuelles Wissen in konzentrierter Form. Die Essenz dessen, worauf es als „State-of-the-Art" in der gegenwärtigen Fachdiskussion oder in der Praxis ankommt. *essentials* informieren schnell, unkompliziert und verständlich

- als Einführung in ein aktuelles Thema aus Ihrem Fachgebiet
- als Einstieg in ein für Sie noch unbekanntes Themenfeld
- als Einblick, um zum Thema mitreden zu können

Die Bücher in elektronischer und gedruckter Form bringen das Expertenwissen von Springer-Fachautoren kompakt zur Darstellung. Sie sind besonders für die Nutzung als eBook auf Tablet-PCs, eBook-Readern und Smartphones geeignet. *essentials*: Wissensbausteine aus den Wirtschafts-, Sozial- und Geisteswissenschaften, aus Technik und Naturwissenschaften sowie aus Medizin, Psychologie und Gesundheitsberufen. Von renommierten Autoren aller Springer-Verlagsmarken.

Weitere Bände in der Reihe http://www.springer.com/series/13088

Guido Walz

Geraden und Ebenen im Raum

Klartext für Nichtmathematiker

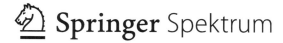

Springer Spektrum

Guido Walz
Darmstadt, Deutschland

ISSN 2197-6708   ISSN 2197-6716   (electronic)
essentials
ISBN 978-3-658-27372-9   ISBN 978-3-658-27373-6   (eBook)
https://doi.org/10.1007/978-3-658-27373-6

Die Deutsche Nationalbibliothek verzeichnet diese Publikation in der Deutschen Nationalbibliografie; detaillierte bibliografische Daten sind im Internet über http://dnb.d-nb.de abrufbar.

Springer Spektrum
© Springer Fachmedien Wiesbaden GmbH, ein Teil von Springer Nature 2019
Das Werk einschließlich aller seiner Teile ist urheberrechtlich geschützt. Jede Verwertung, die nicht ausdrücklich vom Urheberrechtsgesetz zugelassen ist, bedarf der vorherigen Zustimmung des Verlags. Das gilt insbesondere für Vervielfältigungen, Bearbeitungen, Übersetzungen, Mikroverfilmungen und die Einspeicherung und Verarbeitung in elektronischen Systemen.
Die Wiedergabe von allgemein beschreibenden Bezeichnungen, Marken, Unternehmensnamen etc. in diesem Werk bedeutet nicht, dass diese frei durch jedermann benutzt werden dürfen. Die Berechtigung zur Benutzung unterliegt, auch ohne gesonderten Hinweis hierzu, den Regeln des Markenrechts. Die Rechte des jeweiligen Zeicheninhabers sind zu beachten.
Der Verlag, die Autoren und die Herausgeber gehen davon aus, dass die Angaben und Informationen in diesem Werk zum Zeitpunkt der Veröffentlichung vollständig und korrekt sind. Weder der Verlag, noch die Autoren oder die Herausgeber übernehmen, ausdrücklich oder implizit, Gewähr für den Inhalt des Werkes, etwaige Fehler oder Äußerungen. Der Verlag bleibt im Hinblick auf geografische Zuordnungen und Gebietsbezeichnungen in veröffentlichten Karten und Institutionsadressen neutral.

Springer Spektrum ist ein Imprint der eingetragenen Gesellschaft Springer Fachmedien Wiesbaden GmbH und ist ein Teil von Springer Nature.
Die Anschrift der Gesellschaft ist: Abraham-Lincoln-Str. 46, 65189 Wiesbaden, Germany

Was Sie in diesem *essential* finden können

- Grundlagen der Vektorrechnung inklusive des Skalar- und Vektorprodukts
- Möglichkeiten der Darstellung von Geraden und Ebenen im Raum
- Verfahren zur Berechnung des Durchstoßpunktes einer Geraden durch eine Ebene
- Verschiedene Methoden zur Bestimmung der Schnittgeraden zweier Ebenen

Inhaltsverzeichnis

Einleitung

Ein wichtiges Teilgebiet der elementaren Mathematik, das Anwendungen in Naturwissenschaften und Technik, aber durchaus auch im täglichen Leben hat, ist die sogenannte Analytische Geometrie. Das klingt gefährlicher, als es ist, die Formulierung soll einfach nur ausdrücken, dass Geometrie hier nicht mit Zirkel und Lineal, sondern „analytisch", also mithilfe von Koordinaten im Raum, betrieben wird.

Damit befasst sich dieser Text. Wir werden aber keine so gefährlichen Dinge wie Paraboloide, Hyperboloide oder sonstige -oloide behandeln, sondern uns wie der Titel schon sagt mit linearen Objekten wie Geraden und Ebenen befassen.

Nach einem einführenden Kapitel, in dem ich Ihnen die Grundlagen der Vektorrechnung näherbringe, werden dann in Kap. 2 verschiedene Arten der Darstellung von Geraden und Ebenen im Raum sowie Verfahren zu ihrer Bestimmung vorgestellt; im Wesentlichen handelt es sich dabei um die Parameterform sowie die parameterfreie Form der Darstellung.

Ein wichtiges Problem beim Umgang mit geometrischen Objekten im Raum ist die Frage, ob sie sich schneiden, und wenn ja, wie und wo. Der Beantwortung dieser Frage ist das abschließende dritte Kapitel gewidmet.

Da sich der Text laut Untertitel ausdrücklich (auch) an Nichtmathematiker (und ebenso natürlich Nichtmathematikerinnen) wendet, ist er bewusst in allgemein verständlicher Sprache gehalten, um die Leser nicht durch übertriebene Fachsprache abzuschrecken; schließlich soll es sich ebenfalls laut Untertitel um „Klartext" handeln.

Und nun wünsche ich Ihnen viel Spaß (das meine ich ernst!) beim Lesen der folgenden Seiten.

Zur Darstellung von Geraden und Ebenen benutzt man meist Vektoren, auch ich werde das in diesem Büchlein reichlich tun, und daher erscheint es mir sinnvoll und notwendig, in diesem einführenden Kapitel zunächst einmal Vektoren und ihre wichtigsten Eigenschaften vorzustellen.

1.1   Vektoren als geometrische Objekte

Ein Vektor im geometrischen Sinne ist eine „gerichtete Strecke". Im Unterschied zu einer „gewöhnlichen" Strecke – die man wiederum als ein endliches Geradenstück definieren kann – muss man beim Vektor also noch dazusagen, in welche Richtung er zeigt. Die genaue Definition ist wie folgt:

> **Definition 1.1**
> Gegeben seien zwei Punkte A und E im Raum. Als **Vektor a** $= \overrightarrow{AE}$ mit **Anfangspunkt** A und **Endpunkt** E bezeichnet man die gerichtete Strecke von A nach E.

So weit, so gut, allerdings werden wir bei dieser einfach anmutenden ersten Definition gleich mit der ersten Schwierigkeit konfrontiert (die man allerdings lösen kann, keine Sorge), denn es stellt sich beim Arbeiten mit Vektoren sehr bald heraus, dass es auf Anfangs- und Endpunkt gar nicht so sehr ankommt, sondern vielmehr darauf, wie lang ein Vektor ist und in welche Richtung er zeigt. Dies führt zu folgender Definition:

© Springer Fachmedien Wiesbaden GmbH, ein Teil von Springer Nature 2019
G. Walz, *Geraden und Ebenen im Raum*, essentials,
https://doi.org/10.1007/978-3-658-27373-6_1

Definition 1.2
Zwei Vektoren sind gleich, wenn sie in Länge und Richtung übereinstimmen.

Um es noch einmal mit anderen Worten zu sagen: Solange Sie einen Vektor nur im Raum herumschieben und dabei nichts an seiner Länge oder Richtung ändern, betrachtet man ihn immer noch als denselben. Ein Vektor wird also allein durch Angabe von Länge und Richtung eindeutig bestimmt.

Ich fürchte, ich habe bereits auf der allerersten Textseite die erste Verwirrung gestiftet; schauen Sie sich am besten gleich Abb. 1.1 an: Dort sind jeweils zwei Vektoren wie üblich als Pfeile dargestellt. Die Vektoren in a) haben zwar dieselbe Länge und sind parallel, zeigen aber in entgegengesetzte Richtungen, sie sind daher nicht gleich; manchmal werden derartig angeordnete Vektoren als **antiparallel** bezeichnet. Die beiden Vektoren in b) zeigen in völlig verschiedene Richtungen, und die in c) zeigen zwar in dieselbe Richtung, haben aber unterschiedliche Länge. In beiden Fällen sind die Vektoren nicht gleich. Der einzige Fall gleicher Vektoren ist in d) zu sehen, denn diese beiden stimmen in Länge und Richtung überein.

Bevor ich Ihnen zeige, wie man mit Vektoren „grafisch rechnen" kann, noch ein paar Bezeichnungen: Die Länge eines Vektors bezeichnet man auch als seinen **Betrag;** der Betrag eines Vektors **a** ist also eine reelle Zahl, man bezeichnet ihn meist mit $|\mathbf{a}|$.

Abb. 1.1 Vektoren in grafischer Darstellung

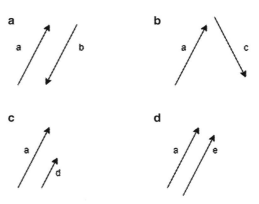

Besserwisserinfo
Natürlich können Sie die Länge und damit den Betrag eines Vektors messen, indem Sie ein normiertes Lineal dranlegen, im nächsten Abschnitt zeige ich Ihnen aber, wie man den Betrag *berechnen* kann; dazu benötige ich aber die Koordinatenschreibweise für Vektoren, die ich wie gesagt erst im nächsten Abschnitt einführen werde.

Jede durch das oben bereits angesprochene Herumschieben erzeugte Kopie desselben Vektors nennt man auch einen **Repräsentanten** dieses Vektors. Denjenigen Repräsentanten, dessen Anfangspunkt der Nullpunkt des Koordinatensystems ist, nennt man auch den **Ortsvektor** seines Endpunkts.

Vektoren mit dem Betrag 1 nehmen eine Sonderstellung ein, sie werden **Einheitsvektoren** genannt und mit **e** bezeichnet. Unter den Einheitsvektoren im Raum wiederum nehmen die drei eine Sondereinstellung ein, die in Richtung einer der drei Koordinatenachsen zeigen; sie werden als **Standard-Einheitsvektoren** bezeichnet, manchmal auch ein wenig schlampig nur als Einheitsvektoren, was natürlich zu Verwirrung führen kann.

Plauderei
Es hat sich eingebürgert, die Standard-Einheitsvektoren, die in Richtung der x-, y- bzw. z-Achse zeigen, mit (in dieser Reihenfolge) $\mathbf{e}_1$, $\mathbf{e}_2$ bzw. $\mathbf{e}_3$ zu bezeichnen. (Wenn Sie nun gerade fragen wollen, warum man sie nicht $\mathbf{e}_x$, $\mathbf{e}_y$ bzw. $\mathbf{e}_z$ nennt, so wenden Sie sich bitte vertrauensvoll an Ihren Arzt oder Apotheker, aber bitte nicht an mich, ich kann es leider nicht sagen.)

Nun aber endlich zum bereits angekündigten Rechnen mit Vektoren in grafischer Darstellung.

Zunächst möchte ich Ihnen erläutern, wie man die Summe zweier Vektoren ermittelt. Auch wenn ich es in diesem Text noch nicht erwähnt habe, so wissen Sie sicherlich, dass man Vektoren beispielsweise in der Physik dafür verwendet, Kräfte zu symbolisieren. Die Richtung des Vektors gibt die Richtung an, in der die Kraft wirkt, und die Länge des Vektors symbolisiert die Größe der Kraft. Nun kommt es sicherlich vor, dass verschiedene Kräfte zusammenwirken und sich dabei

überlagern; in der Sprache der Vektorrechnung bedeutet das, dass man die Summe
von Vektoren ermitteln muss, und wie man das macht, steht in der nächsten
Definition.

Definition 1.3
Um die Summe zweier Vektoren a_1 und a_2 zu ermitteln, verschiebt man
zunächst den Vektor a_2 so, dass sein Anfangspunkt identisch ist mit dem
Endpunkt von a_1. Die Summe von a_1 und a_2 ist dann gerade der Vektor a,
dessen Anfangspunkt der Anfangspunkt von a_1 und dessen Endpunkt der
Endpunkt von a_2 ist; in Formeln:

$$a = a_1 + a_2.$$

In Abb. 1.2a) bis c) ist dieser Prozess anschaulich dargestellt.
   Sicherlich fragen Sie sich gerade, was uns der Künstler mit Teil d) der Abbildung
noch sagen will. Nun, das ist eine Illustration des ersten Rechengesetzes für die
Vektoraddition: Wie Sie sehen, erhält man dasselbe Ergebnis, also den Vektor a,
wenn man die Rollen von a_1 und a_2 gerade vertauscht, und das bedeutet, dass die
Vektoraddition kommutativ ist. Halten wir also fest:

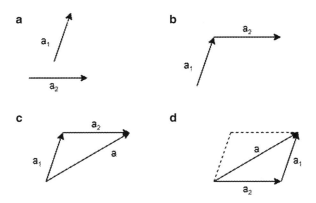

Abb. 1.2 Summe zweier Vektoren

Satz 1.1

*Für die Vektoraddition gilt das **Kommutativgesetz:***

$$\mathbf{a}_1 + \mathbf{a}_2 = \mathbf{a}_2 + \mathbf{a}_1.$$

Und auch eine zweite vom Zahlenrechnen her bekannte Gesetzmäßigkeit gilt für die Vektoraddition, nämlich das Assoziativgesetz. Dieses besagt, dass es bei der Addition von drei (oder mehr) Vektoren nicht auf die Reihenfolge ankommt, in der man die einzelnen Additionen durchführt; in Formeln:

Satz 1.2

*Für beliebige Vektoren $\mathbf{a}_1$, $\mathbf{a}_2$ und $\mathbf{a}_3$ gilt das **Assoziativgesetz:***

$$(\mathbf{a}_1 + \mathbf{a}_2) + \mathbf{a}_3 = \mathbf{a}_1 + (\mathbf{a}_2 + \mathbf{a}_3).$$

Da die Klammersetzung also unnötig ist, lässt man sie meist auch weg und schreibt einfach nur

$$\mathbf{a}_1 + \mathbf{a}_2 + \mathbf{a}_3.$$

Die Gültigkeit des Assoziativgesetzes veranschaulicht Abb. 1.3, mit deren Interpretation ich Sie jetzt einmal ein wenig allein lasse.

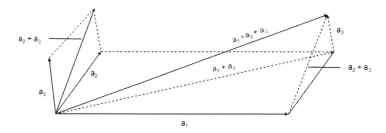

Abb. 1.3 Zum Assoziativgesetz

Als Nächstes müssen wir die Subtraktion von Vektoren erklären, natürlich immer noch rein grafisch. Nun, das kann man sich ganz einfach machen, indem man definiert: „Die Differenz zwischen einem Vektor **a** und einem Vektor **b** ist gerade die Summe des Vektors **a** und des Negativen des Vektors **b**"; nur leider ~~versteht das kein Mensch~~ wurde noch gar nicht gesagt, was das Negative eines Vektors überhaupt sein soll.

Zumindest Letzteres kann ich sofort nachholen:

Definition 1.4
Ist **a** ein Vektor mit Anfangspunkt A und Endpunkt E, so ist $-$**a** der Vektor mit Anfangspunkt E und Endpunkt A.

$-$**a** ist also ein Vektor, der dieselbe Länge hat wie **a** und dessen Richtung gerade die entgegengesetzte der von **a** ist.

Mithilfe dieser Definition kann man nun ebenfalls definieren, was die Differenz zweier Vektoren sein soll (s. a. Abb. 1.4):

Definition 1.5
Die Differenz zweier Vektoren **a** und **b** ist die Summe von **a** und dem Negativen von **b**, in Formeln:
$$\mathbf{a} - \mathbf{b} = \mathbf{a} + (-\mathbf{b}).$$

Abb. 1.4 Differenz zweier Vektoren

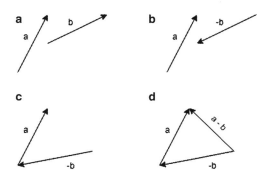

Möglicherweise denken Sie ja gerade: „Meine Güte, wie umständlich, kann man das nicht einfacher machen?" Die Antwort lautet leider: „Nein!", denn alles, was beim gewohnten Zahlenrechnen intuitiv klar ist, muss man sich bei der Vektorrechnung mühsam erarbeiten. Das gilt auch für die simpel erscheinende Frage: Was ist eigentlich die Null im Kontext der Vektoren? Die Antwort lautet wie folgt:

Definition 1.6
Der **Nullvektor 0** ist der Vektor, dessen Anfangs- und Endpunkt identisch sind.

Der Nullvektor hat also die Länge null, und man definiert weiterhin – ein wenig künstlich –, dass er jede beliebige Richtung haben kann.

Nachdem wir uns nun erfolgreich durch die ersten beiden Grundrechenarten für Vektoren, die Addition und die Subtraktion, gekämpft haben, gehe ich zur dritten über, der Multiplikation.

Plauderei
Um es gleich vorwegzunehmen: Eine Division durch Vektoren gibt es nicht, sodass wir mit der Behandlung der Multiplikation bereits am Ende des Abschnitts über „Rechnen mit Vektoren in grafischer Darstellung" angelangt sind.

So weit die gute Nachricht; die schlechte ist: Es gibt gleich mehrere Arten von Produkten, die man mit Vektoren bilden kann. Im vorliegenden Kapitel werden wir uns nur mit dem Produkt eines Vektors mit einer reellen Zahl befassen, das reicht fürs Erste. In Abschn. 1.3 geht es dann um Produkte von Vektoren untereinander, und auch davon gibt es gleich mehrere; aber wie gesagt, dieses Problem verschieben wir erst einmal.

Definition 1.7
Gegeben sei ein Vektor **a**, der nicht der Nullvektor sein soll, und eine reelle Zahl λ. Das Produkt dieser beiden Größen, also $\lambda \cdot \mathbf{a}$, ist wieder ein Vektor, den ich hier mit **b** bezeichnen will. Die Länge (der Betrag) von **b** ist gleich der Länge von **a**, multipliziert mit dem Betrag von λ, die Richtung von **b** ist gleich der Richtung von **a**, falls λ positiv ist, und ist gleich der entgegengesetzten Richtung von **a**, falls λ negativ ist. Ist $\lambda = 0$, so ist **b** der Nullvektor.

Das klingt komplizierter, als es ist. Anschaulich bedeutet es Folgendes: Ist λ positiv, so wird der Vektor **a** durch Multiplikation mit λ gerade um den Faktor λ gestreckt (falls $\lambda > 1$) bzw. gestaucht und ansonsten nicht geändert. Ist λ negativ, so wird **a** um den Faktor $|\lambda|$ gestreckt bzw. gestaucht und zusätzlich „umgedreht".

Besserwisserinfo
In Definition 1.3 hatten wir gesehen, wie man zwei Vektoren addiert. Natürlich kann es sich dabei auch beide Male um denselben Vektor handeln, man kann also $\mathbf{a} + \mathbf{a}$ bilden. Das ist ein Vektor, der dieselbe Richtung hat wie **a**, dessen Endpunkt nun aber doppelt so weit entfernt ist vom Anfangspunkt wie derjenige von **a** selbst.
  Dasselbe erhält man aber auch, wenn man gemäß Definition 1.7 den Vektor $2 \cdot \mathbf{a}$ bildet. Für die Vektorrechnung gilt also das, was man erwarten kann, nämlich:

$$\mathbf{a} + \mathbf{a} = 2 \cdot \mathbf{a}.$$

Möglicherweise habe ich Sie in diesem Abschnitt ja damit ~~genervt~~ verwirrt, dass man in der Vektorrechnung intuitiv klar erscheinende Dinge explizit beweisen muss. Wenn, dann täte es mir leid, denn verwirren will ich Sie nicht, wohl aber sensibilisieren für die Tatsache, dass beim grafischen Rechnen nichts, aber auch gar nichts „klar" ist, sondern man sich alles mehr oder weniger mühevoll erarbeiten muss.
  Aber wie so oft gibt es ein gute Nachricht zum Schluss: Wie verlassen jetzt das grafische Rechnen und gehen über zu Vektoren in Koordinatendarstellung, wo man fast wie vom Zahlenrechnen her gewohnt arbeiten kann.

1.2   Koordinatendarstellung von Vektoren

Gehen wir die Sache ohne viel Umschweife an:

Definition 1.8
Die **Koordinatendarstellung** eines Vektors ist ein einspaltiges Schema, dessen Einträge die **Koordinaten** oder **Komponenten** des Vektors genannt werden. Ein Vektor **a** im Raum hat drei Koordinaten, man schreibt

$$\mathbf{a} = \begin{pmatrix} x \\ y \\ z \end{pmatrix}.$$

Alles gut und schön, werden Sie sagen, aber wie hängt das nun mit den grafischen Betrachtungen des vorigen Abschnitts zusammen? Die Antwort gibt Satz 1.3 und das anschließende Beispiel:

Satz 1.3
Ist **a** *ein Vektor mit Anfangspunkt A und Endpunkt E, also* $\mathbf{a} = \overrightarrow{AE}$, *so erhält man seine Koordinatendarstellung, indem man die Koordinaten von A von denen von E abzieht.*

Beispiel 1.1
Es seien folgende Punkte gegeben:

$$A = \begin{pmatrix} 3 \\ 2 \\ -1 \end{pmatrix}, \ B = \begin{pmatrix} 1 \\ -2 \\ 0 \end{pmatrix}, \ C = \begin{pmatrix} -1 \\ 1 \\ 1 \end{pmatrix}.$$

Dann ist

$$\overrightarrow{AB} = \begin{pmatrix} -2 \\ -4 \\ 1 \end{pmatrix}, \quad \overrightarrow{BC} = \begin{pmatrix} -2 \\ 3 \\ 1 \end{pmatrix}, \quad \text{und} \quad \overrightarrow{AC} = \begin{pmatrix} -4 \\ -1 \\ 2 \end{pmatrix}.$$

■

Nun gebe ich aber endlich an, wie man Vektoren in Koordinatendarstellung addiert und subtrahiert sowie mit Konstanten multipliziert. Das geschieht genau so, wie Sie sich das vielleicht schon gedacht haben, nämlich komponentenweise.

Satz 1.4
Es seien

$$\mathbf{a} = \begin{pmatrix} x_1 \\ y_1 \\ z_1 \end{pmatrix} \quad \text{und} \quad \mathbf{b} = \begin{pmatrix} x_2 \\ y_2 \\ z_2 \end{pmatrix}$$

dreidimensionale Vektoren und λ eine beliebige reelle Zahl.
Dann ist die Summe der beiden Vektoren zu berechnen als

$$\mathbf{a} + \mathbf{b} = \begin{pmatrix} x_1 + x_2 \\ y_1 + y_2 \\ z_1 + z_2 \end{pmatrix}$$

und das λ-Fache des Vektors $\mathbf{a}$ als

$$\lambda \cdot \mathbf{a} = \begin{pmatrix} \lambda x_1 \\ \lambda y_1 \\ \lambda z_1 \end{pmatrix}.$$

Viel falsch machen kann man hierbei eigentlich nicht, schauen wir dennoch kurz ein Beispiel an.

Beispiel 1.2
Es seien

$$\mathbf{a} = \begin{pmatrix} -1 \\ 2 \\ 1 \end{pmatrix} \quad \text{und} \quad \mathbf{b} = \begin{pmatrix} 0 \\ -2 \\ 3 \end{pmatrix}.$$

Dann ist

$$\mathbf{a} + \mathbf{b} = \begin{pmatrix} -1 \\ 0 \\ 4 \end{pmatrix} \text{ und } 3 \cdot \mathbf{a} = \begin{pmatrix} -3 \\ 6 \\ 3 \end{pmatrix}.$$

∎

Ich muss nun noch ein Versprechen einlösen, denn ich hatte zu Beginn geschrieben, dass man mithilfe der Koordinatendarstellung den Betrag eines Vektors berechnen kann. Die Formel hierfür gebe ich jetzt an.

Satz 1.5
Den Betrag des Vektors

$$\mathbf{a} = \begin{pmatrix} x \\ y \\ z \end{pmatrix}$$

berechnet man nach der Formel

$$|\mathbf{a}| = \sqrt{x^2 + y^2 + z^2}. \tag{1.1}$$

Plauderei
Das ist einfach nur der gute alte Pythagoras, was man sich leicht mithilfe einer kleinen Skizze klarmachen kann.

Beispiel 1.3
Gegeben seien die Vektoren

$$\mathbf{a}_1 = \begin{pmatrix} 1 \\ -2 \\ -3 \end{pmatrix} \text{ und } \mathbf{a}_2 = \begin{pmatrix} 1 \\ 0 \\ 0 \end{pmatrix}.$$

Dann ist

$$|\mathbf{a}_1| = \sqrt{1^2 + (-2)^2 + (-3)^2} = \sqrt{14} \text{ und } |\mathbf{a}_2| = \sqrt{1^2 + 0^2 + 0^2} = 1.$$

■

Bei dem Vektor $\mathbf{a}_2$ handelt es sich übrigens gerade um den ersten Standard-Einheitsvektor, und daher ist es gut und richtig, dass sein Betrag gleich 1 ist.

Falls das Konzept des Rechnens in Koordinatenform ~~etwas taugt~~ mit der Realität und der Intuition übereinstimmt, so kann man erwarten, dass sich der nach Satz 1.5 berechnete Betrag eines Vektors gerade um den Faktor $|\lambda|$ ändert, wenn der Vektor mit λ multipliziert wird. Dass das tatsächlich der Fall ist, zeige ich Ihnen im nächsten Satz, mit dem ich diesen Abschnitt dann auch beschließen werde.

Satz 1.6
Für einen beliebigen Vektor $\mathbf{a}$ *und eine beliebige reelle Zahl* λ *gilt:*

$$|\lambda \cdot \mathbf{a}| = |\lambda| \cdot |\mathbf{a}|. \tag{1.2}$$

Beachten Sie, dass die beiden Multiplikationspunkte in (1.2) unterschiedliche Operationen bedeuten: Auf der linken Seite handelt es sich um die Multiplikation eines Vektors mit einer reellen Zahl, auf der rechten dagegen um die gewöhnliche Multiplikation zweier reeller Zahlen.

Besserwisserinfo
Für die ~~Nerds~~ Interessierten will ich tatsächlich einmal einen Beweis angeben:
Bezeichnen wir wieder den Vektor $\mathbf{a}$ mit

$$\mathbf{a} = \begin{pmatrix} x \\ y \\ z \end{pmatrix},$$

so ist gemäß Satz 1.4:

$$\lambda \cdot \mathbf{a} = \begin{pmatrix} \lambda x \\ \lambda y \\ \lambda z \end{pmatrix}.$$

Für den Betrag dieses Vektors gilt nun gemäß Satz 1.5:

$$|\lambda \cdot \mathbf{a}| = \sqrt{(\lambda x)^2 + (\lambda y)^2 + (\lambda z)^2}$$
$$= \sqrt{\lambda^2 x^2 + \lambda^2 y^2 + \lambda^2 z^2}$$
$$= \sqrt{\lambda^2 \cdot (x^2 + y^2 + z^2)}$$
$$= \sqrt{\lambda^2} \cdot \sqrt{x^2 + y^2 + z^2}$$
$$= |\lambda| \cdot |\mathbf{a}|.$$

1.3 Produkte von Vektoren

In diesem Abschnitt werde ich Ihnen zwei verschiedene Produkte von Vektoren und deren Anwendung vorstellen. Das in der Mathematik wichtigere dieser beiden, mit dem ich auch beginnen möchte, ist sicherlich das Skalarprodukt, dessen Ergebnis eine reelle Zahl ist.

Plauderei
Reelle Zahlen bezeichnet man in etwas antiquierter Sprachregelung auch als Skalare, woraus sich der Name des Skalarprodukts ableitet.

Anschließend werden Sie ein Produkt kennenlernen, für das in der Literatur leider verschiedene Bezeichnungen existieren, man nennt es beispielsweise „Kreuzprodukt", „vektorielles Produkt", „Vektorprodukt" oder „äußeres Produkt". Ich habe mich hier für den Namen Vektorprodukt entschieden und werde mich redlich bemühen, diesen auch konsequent durchzuhalten. Grund für diese Bezeichnungsweise ist die Tatsache, dass das Ergebnis des Vektorprodukts ein Vektor (also keine Zahl) ist. Genaueres hierzu erfahren Sie auf den folgenden Seiten.

Das Skalarpodukt

Definition 1.9
Es seien **a** und **b** zwei Vektoren und φ der von ihnen eingeschlossene Winkel.
Dann ist das **Skalarprodukt** $\langle \mathbf{a}, \mathbf{b} \rangle$ dieser beiden Vektoren definiert als

$$\langle \mathbf{a}, \mathbf{b} \rangle = |\mathbf{a}| \cdot |\mathbf{b}| \cdot \cos(\varphi). \tag{1.3}$$

Das Skalarprodukt zweier Vektoren ergibt also eine reelle Zahl, denn sowohl der Betrag $| \cdot |$ eines Vektors also auch der Cosinus eines Winkels ist eine reelle Zahl und damit auch das Produkt dieser Größen.

Beispiel 1.4

a) Betrachten wir der Einfachheit halber zunächst zwei Vektoren, die in der Ebene liegen, nämlich

$$\mathbf{a}_1 = \begin{pmatrix} 3 \\ 0 \\ 0 \end{pmatrix} \quad \text{und} \quad \mathbf{b}_1 = \begin{pmatrix} 3 \\ 4 \\ 0 \end{pmatrix}.$$

An Abb. 1.5 können Sie ablesen, dass der Cosinus des Winkels zwischen **a** und **b** (nach der guten alten Regel „Ankathete durch Hypotenuse") gerade $\frac{3}{5}$ ist. Weiterhin gilt

$$\left| \begin{pmatrix} 3 \\ 0 \\ 0 \end{pmatrix} \right| = 3 \quad \text{und} \quad \left| \begin{pmatrix} 3 \\ 4 \\ 0 \end{pmatrix} \right| = \sqrt{9 + 16} = 5.$$

Somit erhält man als Skalarprodukt dieser beiden Vektoren:

$$\left\langle \begin{pmatrix} 3 \\ 0 \\ 0 \end{pmatrix}, \begin{pmatrix} 3 \\ 4 \\ 0 \end{pmatrix} \right\rangle = 3 \cdot 5 \cdot \frac{3}{5} = 9.$$

Abb. 1.5 Zum
Skalarprodukt (Draufsicht
auf die x-y-Ebene)

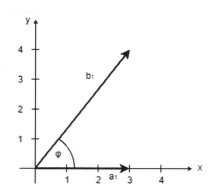

b) Nun wage ich mich einmal in den Raum hinein und versuche, das Skalarprodukt der beiden Vektoren

$$\mathbf{a}_2 = \begin{pmatrix} 1 \\ 0 \\ 0 \end{pmatrix} \quad \text{und} \quad \mathbf{b}_2 = \begin{pmatrix} 0 \\ 1 \\ 1 \end{pmatrix}$$

zu bestimmen. Hier ist die geometrische Situation ganz einfach: Der Vektor
$\mathbf{a}_2$ liegt auf der ersten Koordinatenachse, der x-Achse, während $\mathbf{b}_2$ komplett
in der y, z-Ebene liegt. Da die x-Achse gerade senkrecht auf dieser Ebene
steht, ist der eingeschlossene Winkel gerade 90°, und somit erhalten wir das
Skalarprodukt

$$\langle \mathbf{a}_2, \mathbf{b}_2 \rangle = |\mathbf{a}_2| \cdot |\mathbf{b}_2| \cdot \cos(90°) = 1 \cdot \sqrt{2} \cdot 0 = 0,$$

denn $\cos(90°) = 0$.   ∎

Satz 1.7 formuliert eine fundamentale geometrische Eigenschaft des Skalarprodukts.

Satz 1.7
Zwei vom Nullvektor verschiedene Vektoren **a** *und* **b** *stehen genau dann senkrecht aufeinander, wenn gilt:*

$$\langle \mathbf{a}, \mathbf{b} \rangle = 0.$$

Wenngleich diese Aussage wie zuvor erwähnt fundamental ist, so ist ihr Beweis doch geradezu läppisch: Gemäß Definition 1.9 ist das Skalarprodukt zweier Vektoren gerade das Produkt der Längen dieser beiden Vektoren mit dem Cosinus des eingeschlossenen Winkels. Bei vom Nullvektor verschiedenen Vektoren sind die Längen aber nicht null, daher ist das Skalarprodukt genau dann null, wenn der Cosinus des eingeschlossenen Winkels null ist. Und das wiederum ist genau dann der Fall, wenn dieser Winkel gleich 90° bzw. gleich $\pi/2$ ist.

Ein erstes Beispiel zu Satz 1.7 hatten Sie bereits in Teil b) von Beispiel 1.4 gesehen. Allerdings ist das Ganze zum gegenwärtigen Zeitpunkt noch nicht allzu prickelnd, denn da das Skalarprodukt nach der Definition gerade ein Vielfaches des Cosinus des eingeschlossenen Winkels ist und dieser wiederum genau dann gleich null ist, wenn die Vektoren senkrecht aufeinanderstehen, beißt sich die Katze hier ein wenig in den Schwanz. Sehr viel wertvoller wird die Aussage von Satz 1.7 aber, wenn man den nächsten Satz zur Verfügung hat, mit dessen Hilfe man das Skalarprodukt ohne Kenntnis des eingeschlossenen Winkels berechnen kann.

Satz 1.8
Es seien **a** *und* **b** *zwei Vektoren mit der Koordinatendarstellung*

$$\mathbf{a} = \begin{pmatrix} x_1 \\ y_1 \\ z_1 \end{pmatrix} \text{ und } \mathbf{b} = \begin{pmatrix} x_2 \\ y_2 \\ z_2 \end{pmatrix}.$$

Dann kann man das Skalarprodukt wie folgt berechnen:

$$\langle \mathbf{a}, \mathbf{b} \rangle = x_1 x_2 + y_1 y_2 + z_1 z_2.$$

Man multipliziert also einfach nur die Koordinaten der beiden Vektoren paarweise miteinander und addiert auf.

Beispiel 1.5

a) Zunächst greife ich die beiden in Beispiel 1.4 betrachteten Produkte nochmals auf. Im Teil a) hatten wir – etwas mühsam – das Produkt von

$$\mathbf{a}_1 = \begin{pmatrix} 3 \\ 0 \\ 0 \end{pmatrix} \quad \text{und} \quad \mathbf{b}_1 = \begin{pmatrix} 3 \\ 4 \\ 0 \end{pmatrix}$$

bestimmt. Mit Satz 1.8 geht das nun sehr viel schneller:

$$\langle \mathbf{a}_1, \mathbf{b}_1 \rangle = 3 \cdot 3 + 0 \cdot 4 + 0 \cdot 0 = 9,$$

in Übereinstimmung mit Beispiel 1.4 a).

b) Nun will ich das Skalarprodukt zweier Vektoren bestimmen, das mit Formel (1.3) nur schwer berechenbar wäre:

$$\left\langle \begin{pmatrix} 2 \\ -1 \\ 2 \end{pmatrix}, \begin{pmatrix} -3 \\ 2 \\ 4 \end{pmatrix} \right\rangle = 2 \cdot (-3) + (-1) \cdot 2 + 2 \cdot 4 = 0.$$

Das Skalarprodukt dieser beiden Vektoren ist also null, und nach Satz 1.7 bedeutet das, dass die beiden senkrecht aufeinanderstehen. Das ist nun sicherlich ein echter Informationsgewinn, denn mit bloßem Auge ist das nicht zu erkennen; hier muss (und kann) man der Aussage des Satzes vertrauen. ∎

Beachten Sie, dass wir nun – zumindest theoretisch – gleich zwei verschiedene Möglichkeiten haben, das Skalarprodukt zweier Vektoren zu berechnen, nämlich einmal aufgrund Definition 1.9 durch

$$\langle \mathbf{a}, \mathbf{b} \rangle = |\mathbf{a}| \cdot |\mathbf{b}| \cdot \cos(\varphi) \tag{1.4}$$

und dann noch aufgrund Satz 1.8 durch

$$\langle \mathbf{a}, \mathbf{b} \rangle = x_1 x_2 + y_1 y_2 + z_1 z_2. \tag{1.5}$$

Diesen Luxus nutzt man nun aus, indem man die beiden Darstellungen (1.4) und (1.5) gleichsetzt und nach $\cos(\varphi)$ auflöst. Dies liefert eine bequeme Methode, um diesen Cosinus und damit – durch Anwendung der Arcuscosinusfunktion – den Winkel zwischen zwei Vektoren zu berechnen. Dies ist der Inhalt von Satz 1.9.

Satz 1.9
Es seien **a** *und* **b** *zwei vom Nullvektor verschiedene Vektoren in der Ebene oder im Raum. Dann kann man den Cosinus des Winkels* φ, *den beide einschließen, wie folgt berechnen:*

$$\cos(\varphi) = \frac{\langle \mathbf{a}, \mathbf{b} \rangle}{|\mathbf{a}| \cdot |\mathbf{b}|}. \tag{1.6}$$

Besserwisserinfo
1. Es wird dabei natürlich stillschweigend angenommen, dass der Zähler auf der rechten Seite von (1.6) mithilfe der Darstellung (1.5) berechnet wird. Würde man (1.4) benutzen, wäre die Formel zwar ebenfalls richtig, aber ziemlich sinnlos – eine Situation, die in der Mathematik übrigens gar nicht so selten vorkommt, aber lassen wir das.
2. Die Voraussetzung, dass beide Vektoren vom Nullvektor verschieden sein sollen, ist notwendig, denn sonst würde man durch den Betrag des Null- vektors, also null, dividieren, was nun mal nicht erlaubt ist. Sie ist aber auch sinnvoll, denn zumindest ich wüsste nicht, welchen Winkel der Null- vektor mit einem anderen einschließen sollte.

Höchste Zeit für Beispiele.

Beispiel 1.6
a) Zu bestimmen sei der von den Vektoren

$$\mathbf{a} = \begin{pmatrix} -1 \\ 1 \\ 1 \end{pmatrix} \text{ und } \mathbf{b} = \begin{pmatrix} 2 \\ 0 \\ 3 \end{pmatrix}$$

eingeschlossene Winkel. Dazu berechne ich zunächst den Cosinus dieses Winkels:

$$\cos(\varphi) = \frac{-2 + 0 + 3}{\sqrt{1 + 1 + 1} \cdot \sqrt{4 + 0 + 9}} = \frac{1}{\sqrt{3} \cdot \sqrt{13}} \approx 0,1601.$$

Anwendung des Arcuscosinus hierauf liefert den gesuchten Winkel: $\varphi = 80{,}79°$.

b) Nun bestimme ich den von den Vektoren

$$a = \begin{pmatrix} 2 \\ -1 \\ 2 \end{pmatrix} \text{ und } b = \begin{pmatrix} 3 \\ 2 \\ 6 \end{pmatrix}$$

eingeschlossenen Winkel. Hier ist $\cos(\varphi) = \frac{16}{21} \approx 0{,}7619$ und somit $\varphi = 40{,}37°$. ∎

Das Vektorprodukt

Die Bezeichnung Skalarprodukt für das im vorigen Abschnitt behandelte Produkt leitet sich daraus ab, dass man die reellen Zahlen gerade in der älteren Literatur manchmal auch als Skalare bezeichnet, und das Ergebnis eines Skalarprodukts ist eben ein solcher Skalar.

Folgerichtig bezeichnet man das nun zu behandelnde Produkt als Vektorprodukt, denn hier ist das Ergebnis ein Vektor. Wenn man will, kann man das Vektorprodukt wie auch das Skalarprodukt übrigens physikalisch interpretieren, aber wollen wir das wirklich? Ich denke, nein, gehen wir lieber direkt zur Definition über.

Definition 1.10
Das **Vektorprodukt a × b** der beiden Vektoren

$$a = \begin{pmatrix} x_1 \\ y_1 \\ z_1 \end{pmatrix} \text{ und } b = \begin{pmatrix} x_2 \\ y_2 \\ z_2 \end{pmatrix}$$

ist der Vektor

$$a \times b = \begin{pmatrix} y_1 z_2 - z_1 y_2 \\ z_1 x_2 - x_1 z_2 \\ x_1 y_2 - y_1 x_2 \end{pmatrix}.$$

Nein, schön ist das nicht, aber so ist es eben manchmal ~~im Leben~~ in der Mathematik; schauen wir uns ein Beispiel an.

Beispiel 1.7

Als erstes Beispiel berechne ich das Vektorprodukt der beiden Vektoren

$$\mathbf{a} = \begin{pmatrix} 2 \\ -1 \\ 2 \end{pmatrix} \quad \text{und} \quad \mathbf{b} = \begin{pmatrix} 3 \\ 2 \\ 6 \end{pmatrix} ;$$

es ergibt sich

$$\mathbf{a} \times \mathbf{b} = \begin{pmatrix} -1 \cdot 6 - 2 \cdot 2 \\ 2 \cdot 3 - 2 \cdot 6 \\ 2 \cdot 2 - (-1) \cdot 3 \end{pmatrix} = \begin{pmatrix} -10 \\ -6 \\ 7 \end{pmatrix} .$$

∎

Eine ganz wichtige Eigenschaft des Vektorprodukts finden Sie in Satz 1.10.

Satz 1.10
Es seien $\mathbf{a}$ *und* $\mathbf{b}$ *vom Nullvektor* $\mathbf{0}$ *verschiedene Vektoren und* $\mathbf{c} = \mathbf{a} \times \mathbf{b}$. *Dann gilt:*

a) Sind $\mathbf{a}$ *und* $\mathbf{b}$ *parallel oder antiparallel, gilt also* $\mathbf{a} = \lambda \mathbf{b}$ *mit einem* $\lambda \in \mathbb{R}$, *so ist* $\mathbf{c} = \mathbf{0}$, *also der Nullvektor.*
b) Sind $\mathbf{a}$ *und* $\mathbf{b}$ *nicht parallel oder antiparallel, so steht der Vektor* $\mathbf{c}$ *senkrecht auf* $\mathbf{a}$ *und auf* $\mathbf{b}$.

Beispiel 1.8

a) Ich greife nochmals die Vektoren

$$\mathbf{a} = \begin{pmatrix} 2 \\ -1 \\ 2 \end{pmatrix} \quad \text{und} \quad \mathbf{b} = \begin{pmatrix} 3 \\ 2 \\ 6 \end{pmatrix}$$

aus Beispiel 1.7 auf. Sicherlich sind sie nicht parallel, und folgerichtig ist ihr
Vektorprodukt

$$\mathbf{a} \times \mathbf{b} = \begin{pmatrix} -10 \\ -6 \\ 7 \end{pmatrix}$$

nicht der Nullvektor. Berechnet man aber das Skalarprodukt dieses Ergeb-
nisses mit $\mathbf{a}$ und mit $\mathbf{b}$, so ergibt sich beide Male der Wert 0, was beweist,
dass $\mathbf{a} \times \mathbf{b}$ auf beiden senkrecht steht.

b) Dagegen ergibt das Produkt der beiden Vektoren

$$\mathbf{a} = \begin{pmatrix} 2 \\ 2 \\ -1 \end{pmatrix} \quad \text{und} \quad \mathbf{b} = \begin{pmatrix} -6 \\ -6 \\ 3 \end{pmatrix}$$

den Nullvektor (bitte nachrechnen!), und das ist auch gut so, denn es ist
$\mathbf{b} = -3\mathbf{a}$.   ■

Damit soll es nun auch genug sein mit den Vektorprodukten, kommen wir nun
im nächsten Abschnitt zu den Anwendungen des bisher Gelernten, nämlich der
Behandlung von Geraden und Ebenen im Raum, also dem eigentlichen Thema
dieses Büchleins.

Ob Sie's glauben oder nicht, aber ich will tatsächlich zunächst einmal definieren, was eine Gerade ist:

Definition 2.1

Es seien P_1 und P_2 zwei verschiedene Punkte im Raum. Dann gibt es eine eindeutig bestimmte Gerade g, die durch diese beiden Punkte verläuft. Diese besteht aus allen Punkten $\mathbf{x}$, die sich in der Form

$$\mathbf{x} = P_1 + t \cdot (P_2 - P_1) \text{ mit } t \in \mathbb{R} \tag{2.1}$$

schreiben lassen. Man nennt dies die **Parameterform** der Geradengleichung.

Die Definitionen der grundlegenden Dinge sind oft die schwierigsten. Daher ein paar erläuternde Bemerkungen.

Bemerkungen

1) Der Term $(P_2 - P_1)$ ist ein Vektor, nämlich der Verbindungsvektor von P_1 und P_2. Man bezeichnet ihn als den **Richtungsvektor** der Geraden. Wie Sie im ersten Kapitel gelernt haben, bestimmt man ihn, indem man die Koordinaten von P_1 von denen von P_2 abzieht.

© Springer Fachmedien Wiesbaden GmbH, ein Teil von Springer Nature 2019
G. Walz, *Geraden und Ebenen im Raum*, essentials,
https://doi.org/10.1007/978-3-658-27373-6_2

2) Die Formulierung „mit $t \in \mathbb{R}$" bedeutet, dass man die gesamte Gerade erhält, indem t die gesamten reellen Zahlen durchläuft. Umgekehrt liefert das Einsetzen jeder einzelnen reellen Zahl für t einen Punkt auf der Geraden.

3) Meist fasst man die obige Definition in der Kurzschreibweise

$$g : \mathbf{x} = P_1 + t \cdot (P_2 - P_1) \qquad (2.2)$$

zusammen. Auch ich werde das von jetzt ab tun.

Beispiel 2.1

Die Gerade durch die beiden Punkte

$$P_1 = \begin{pmatrix} -1 \\ 1 \\ -1 \end{pmatrix} \quad \text{und} \quad P_2 = \begin{pmatrix} 2 \\ 3 \\ 4 \end{pmatrix}$$

hat die Gleichung

$$g : \mathbf{x} = \begin{pmatrix} -1 \\ 1 \\ -1 \end{pmatrix} + t \cdot \begin{pmatrix} 3 \\ 2 \\ 5 \end{pmatrix}. \qquad (2.3)$$

Für $t = 0$ erhält man gerade den Punkt P_1, für $t = 1$ den Punkt P_2 zurück. Einsetzen der (willkürlich gewählten) Parameterwerte $t = -1, 2$ und 10 liefert in dieser Reihenfolge die Geradenpunkte

$$\begin{pmatrix} -4 \\ -1 \\ -6 \end{pmatrix}, \quad \begin{pmatrix} 5 \\ 5 \\ 9 \end{pmatrix} \quad \text{und} \quad \begin{pmatrix} 29 \\ 21 \\ 49 \end{pmatrix}.$$

Dagegen liegt der Nullpunkt *nicht* auf dieser Geraden, denn hierfür müsste es ein $t \in \mathbb{R}$ geben, so dass alle drei Komponenten gleichzeitig 0 werden. Aus der ersten Zeile ergibt sich dadurch $-1 + 3t = 0$, also $t = \frac{1}{3}$. Für diesen Wert von t werden aber weder die zweite noch die dritte Komponente null. ∎

Besserwisserinfo

Der Richtungsvektor einer Geraden ist übrigens nicht eindeutig (weshalb man streng genommen auch niemals von *der*, sondern immer nur von *einer* Geradengleichung reden sollte), vielmehr kann er mit beliebigen Konstanten ungleich 0 multipliziert werden. Beispielsweise könnte man in (2.3) auch den (-2)-fachen Richtungvektor verwenden, also schreiben:

$$g : \mathbf{x} = \begin{pmatrix} -1 \\ 1 \\ -1 \end{pmatrix} + \tilde{t} \cdot \begin{pmatrix} -6 \\ -4 \\ -10 \end{pmatrix}. \qquad (2.4)$$

Ebenso kann man als „Aufpunkt" P_1 jeden beliebigen Punkt auf der Geraden verwenden.

Auf Dauer sind Geraden ~~ziemlich langw~~ nicht sehr aufregende Objekte; wenden wir uns daher gleich im wahrsten Sinne des Wortes größeren Dingen zu, nämlich den Ebenen:

Definition 2.2

Es seien P_1, P_2 und P_3 drei verschiedene Punkte im Raum, die nicht auf einer gemeinsamen Geraden liegen. Dann gibt es eine eindeutig bestimmte Ebene E, die diese drei Punkte enthält. Sie besteht aus allen Punkten $\mathbf{x}$, die sich in der Form

$$\mathbf{x} = P_1 + t \cdot (P_2 - P_1) + s \cdot (P_3 - P_1) \quad \text{mit } t, s \in \mathbb{R} \qquad (2.5)$$

schreiben lassen. Man nennt dies die **Parameterform** der Ebenengleichung (s. a. Abb. 2.1).

Zugegeben: Hier habe ich mit Copy-and-Paste gearbeitet und Definition 2.1 übertragen. Dasselbe hätte ich auch mit der daran anschließenden Bemerkung machen können, aber das war mir dann doch zu läppisch; stattdessen bitte ich Sie, diese Bemerkung nochmals im Hinblick auf die gerade definierte Ebenengleichung anzuschauen.

Abb. 2.1 Ebene in
Parameterform

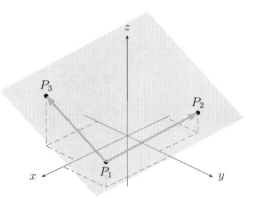

Ich denke, dass ich Ihnen nun gleich ein Beispiel zu diesem Thema zumuten kann.

Beispiel 2.2
Gegeben sind die drei Punkte

$$P_1 = \begin{pmatrix} 1 \\ 0 \\ 0 \end{pmatrix}, \ P_2 = \begin{pmatrix} 0 \\ 1 \\ 0 \end{pmatrix} \ \text{und} \ P_3 = \begin{pmatrix} 0 \\ 0 \\ 1 \end{pmatrix}.$$

Wegen

$$P_2 - P_1 = \begin{pmatrix} -1 \\ 1 \\ 0 \end{pmatrix} \ \text{und} \ P_3 - P_1 = \begin{pmatrix} -1 \\ 0 \\ 1 \end{pmatrix}$$

ist die Gleichung der Ebene durch diese Punkte gerade

$$E : \mathbf{x} = \begin{pmatrix} 1 \\ 0 \\ 0 \end{pmatrix} + t \cdot \begin{pmatrix} -1 \\ 1 \\ 0 \end{pmatrix} + s \cdot \begin{pmatrix} -1 \\ 0 \\ 1 \end{pmatrix} \text{ für } t, s \in \mathbb{R}.$$

■

Die bisher angegebenen Darstellungen von Gerade und Ebene nennt man Parameterform, weil sie Parameter s und t enthalten. Für Ebenen gibt es noch eine andere prominente Darstellung, die keine Parameter enthält, und die man daher – nicht sehr phantasievoll, aber einleuchtend – parameterfreie Form nennt.

Definition 2.3
Es seien a, b, c und D feste reelle Zahlen. Dann stellt die Menge

$$E = \left\{ \begin{pmatrix} x \\ y \\ z \end{pmatrix} \in \mathbb{R}^3; ax + by + cz = D \right\} \qquad (2.6)$$

eine Ebene im Raum dar. Man nennt (2.6) die **parameterfreie Form** der Ebenengleichung.

Fast schon unnötig zu sagen, dass man auch hier die aufwendige Schreibweise wie in (2.6) sehr bald weglässt und einfach schreibt:

$$E : ax + by + cz = D. \qquad (2.7)$$

Ein erstes, ziemlich dürftiges Beispiel kann ich Ihnen schon jetzt geben und anschaulich erläutern. Ich betrachte die Gleichung

$$E : z = 1.$$

Dies ist eine Ebenengleichung in parameterfreier Form, denn sie hat die geforderte Gestalt mit $a = b = 0$ und $c = D = 1$. Auf dieser Ebene versammeln sich alle Punkte des $\mathbb{R}^3$, deren dritte Koordinate 1 ist, während die ersten beiden Koordinaten

beliebige Werte annehmen können. Es handelt sich anschaulich um die Ebene, die
in der Höhe 1 über der x-y-Ebene schwebt.

Um anspruchsvollere Ebenen in parameterfreier Form beschreiben zu können,
braucht man nun eine Methode, um eine (beispielsweise) in Parameterform gege-
bene Ebene in die parameterfreie Form umschreiben zu können. Hierzu verhilft
Satz 2.1 (s. a. Abb. 2.2).

Satz 2.1

Gegeben sei eine Ebene E. Ist dann $\mathbf{n} = \begin{pmatrix} n_1 \\ n_2 \\ n_3 \end{pmatrix}$ *ein Vektor, der senkrecht auf
der Ebene steht – man nennt einen solchen Vektor auch einen **Normalenvek-
tor**, daher die Bezeichnung* $\mathbf{n}$ *–, sowie P der Ortsvektor eines beliebigen fest
gewählten Punktes auf E, so gilt:*

$$E:\ n_1 x + n_2 y + n_3 z = \langle \mathbf{n}, P \rangle \tag{2.8}$$

Wenn Sie nun (2.8) mit (2.6) bzw. (2.7) vergleichen, sehen Sie, wie man sich die
parameterfreie Form einer Ebene verschaffen kann: Man muss nur einen Vektor $\mathbf{n}$
konstruieren, der senkrecht auf der Ebene steht, und einen Punkt P finden, der auf
der Ebene liegt. Dann schreibt man die Komponenten des Vektors als Koeffizienten

Abb. 2.2 Ebene mit
Normalenvektor

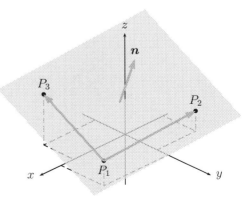

der parameterfreien Gleichung auf die linke Seite und auf die rechte Seite das Skalarprodukt des Punktes P (genauer gesagt seines Ortsvektors) mit $\mathbf{n}$. Einen Punkt auf der Ebene zu finden dürfte kein Problem sein, die Auswahl ist im wahrsten Sinne des Wortes unendlich groß, aber wie konstruiert man einen Normalenvektor? Nun, hierfür erinnert man sich an das Vektorprodukt, insbesondere an die in Satz 1.10 formulierte Tatsache, dass es einen Vektor liefert, der senkrecht steht auf beiden Faktoren des Produkts. Nimmt man nämlich jetzt als Faktoren gerade die beiden Richtungsvektoren der Ebene, so steht das Produkt senkrecht auf diesen beiden und somit auf der Ebene.

Haben Sie den gesamten letzten Absatz verstanden? Ehrlich gesagt habe ich ihn gerade noch einmal durchgelesen und nur mit Mühe verstanden – und das, obwohl ich ihn vor wenigen Minuten selbst geschrieben habe! Ich denke, es wird gut sein, diesen Absatz zwar zum späteren Nachlesen stehen zu lassen (täte mir auch in der Seele weh, das alles jetzt wieder zu löschen), aber die Vorgehensweise nochmals algorithmisch aufzuschreiben.

Bestimmung der parameterfreien Form einer Ebene
Gegeben sei eine Ebene E in Parameterform:

$$E : \mathbf{x} = P_1 + t \cdot (P_2 - P_1) + s \cdot (P_3 - P_1) = \mathbf{x} = P_1 + t \cdot \mathbf{u} + s \cdot \mathbf{v}.$$

- Man berechnet das Vektorprodukt $\mathbf{n}$ der beiden Richtungsvektoren: $\mathbf{n} = \mathbf{u} \times \mathbf{v}$.
- Man berechnet das Skalarprodukt $D = \langle \mathbf{n}, P_1 \rangle$.
- Bezeichnet man die drei Komponenten von $\mathbf{n}$ mit n_1, n_2, und n_3, so lautet die gesuchte Ebenengleichung in parameterfreier Form:

$$n_1 x + n_2 y + n_3 z = D.$$

Ich weiß, hier müssen dringend Beispiele her; und die kommen ja auch schon:

Beispiel 2.3

a) Gegeben sei die Ebene

$$E: \begin{pmatrix} 1 \\ 1 \\ 4 \end{pmatrix} + t \cdot \begin{pmatrix} -1 \\ 0 \\ 2 \end{pmatrix} + s \cdot \begin{pmatrix} 1 \\ -1 \\ 5 \end{pmatrix}. \qquad (2.9)$$

Das Vektorprodukt der beiden Richtungsvektoren lautet

$$\mathbf{n} = \begin{pmatrix} -1 \\ 0 \\ 2 \end{pmatrix} \times \begin{pmatrix} 1 \\ -1 \\ 5 \end{pmatrix} = \begin{pmatrix} 2 \\ 7 \\ 1 \end{pmatrix},$$

das Skalarprodukt des Aufpunktes P_1 mit diesem Vektor ist

$$\left\langle \begin{pmatrix} 1 \\ 1 \\ 4 \end{pmatrix}, \begin{pmatrix} 2 \\ 7 \\ 1 \end{pmatrix} \right\rangle = 13.$$

Somit lautet die gesuchte Ebenengleichung:

$$E: 2x + 7y + z = 13. \qquad (2.10)$$

Plauderei

Man kann das übrigens recht leicht testen, indem man durch Einsetzen verschiedener Parameterwerte in (2.9) einige Ebenenpunkte berechnet und deren Koordinaten dann wiederum in (2.10) einsetzt.

b) Im zweiten Beispiel werde ich mich ein wenig kürzer fassen; gegeben ist die Ebene

$$E: \begin{pmatrix} 1 \\ 0 \\ -1 \end{pmatrix} + t \cdot \begin{pmatrix} 1 \\ 0 \\ 1 \end{pmatrix} + s \cdot \begin{pmatrix} 0 \\ 1 \\ 0 \end{pmatrix}. \qquad (2.11)$$

Man berechnet nun

$$\mathbf{n} = \begin{pmatrix} -1 \\ 0 \\ 1 \end{pmatrix} \quad \text{und} \quad \left\langle \begin{pmatrix} -1 \\ 0 \\ 1 \end{pmatrix}, \begin{pmatrix} 1 \\ 0 \\ -1 \end{pmatrix} \right\rangle = -2.$$

Somit lautet die gesuchte Ebenengleichung:

$$E : -x + z = -2. \tag{2.12}$$

■

Zum Abschluss dieses Kapitels noch ein paar Anmerkungen zur umgekehrten Aufgabenstellung: Gegeben sei eine Ebene in parameterfreier Form, wie ermittelt man daraus die Parameterform? Nun, in der Literatur finden Sie hierfür teilweise sehr ausgefeilte Algorithmen. Mein Rat hierzu: ~~Vergessen Sie die~~ Konzentrieren Sie sich nicht allzu sehr auf die. Es gibt eine ganz einfache Methode: Verschaffen Sie sich mithilfe der gegebenen parameterfreien Form drei Ebenenpunkte, die nicht auf einer gemeinsamen Geraden liegen, und erstellen Sie dann die Parameterform wie in Definition 2.2 angegeben.

Diese Methode mag ein wenig unelegant daherkommen, aber sie hat einen entscheidenden Vorteil: Sie funktioniert. Und das scheint mir doch das Wichtigste zu sein.

Beispiel 2.4

Gegeben ist die Ebene

$$E : x + 2y - z = 2.$$

Ich verschaffe mir nun einen Punkt auf dieser Ebene, indem ich willkürlich $x = y = 0$ setze und den Rest der Gleichung nach z auflöse; ich erhalte $z = -2$, also liegt der Punkt $P_1 = \begin{pmatrix} 0 \\ 0 \\ -2 \end{pmatrix}$ auf der Ebene. Mit derselben Vorgehensweise – indem ich also jeweils zwei Koordinaten gleich 0 setze – verschaffe ich mir die beiden Ebenenpunkte

$$P_2 = \begin{pmatrix} 2 \\ 0 \\ 0 \end{pmatrix} \quad \text{und} \quad P_3 = \begin{pmatrix} 0 \\ 1 \\ 0 \end{pmatrix}.$$

Das nun sicherlich schon vertraute Verfahren zum Aufstellen der Ebenengleichung liefert mir die Gleichung

$$E : \mathbf{x} = \begin{pmatrix} 0 \\ 0 \\ -2 \end{pmatrix} + t \cdot \begin{pmatrix} 2 \\ 0 \\ 2 \end{pmatrix} + s \cdot \begin{pmatrix} 0 \\ 1 \\ 2 \end{pmatrix}.$$

■

Mit dem bloßen Aufschreiben von Ebenen- und Geradengleichungen ist es natürlich nicht getan, man will damit auch umgehen können, beispielsweise Schnittpunkte und -winkel bestimmen. Das ist der Inhalt des nächsten Kapitels.

Schnitte von Geraden und Ebenen 3

Vielleicht kennen Sie das folgende kleine Rätsel, das schon seit vielen Jahren durch die Populärmathematik geistert: Ein Wanderer beginnt morgens um 8 Uhr einen Bergpfad, von dem es keine Abzweigungen gibt, zu erklimmen. Nach acht Stunden hat er sein Ziel, eine Berghütte, erreicht. Da er müde ist, übernachtet er auf der Hütte und macht sich am nächsten Morgen, ebenfalls um 8 Uhr, auf den Rückweg. Da der Abstieg schneller vonstatten geht, hat er seinen Ausgangspunkt im Tal bereits nach sechs Stunden erreicht. Die Frage ist nun: Gibt es eine Tageszeit, zu der er sich bei Auf- und Abstieg am selben Punkt des Weges befunden hat?

Bevor Sie anfangen zu rechnen: Die Lösung ist ganz einfach und ohne Berechnungen möglich. Stellen Sie sich einfach vor, es gäbe *zwei* Wanderer, die sich am selben Tag um 8 Uhr auf den Weg machen, der eine berg-, der andere talwärts. Es ist dann völlig klar, dass sich die beiden innerhalb der sechs Stunden, die für den Abstieg gebraucht werden, irgenwann einmal treffen müssen, mit anderen Worten: zur selben Tageszeit am selben Ort sein müssen. Die Antwort auf obige Frage lautet also: Ja.

Was hat das nun mit Schnitten von Geraden und Ebenen zu tun? Hierauf gibt es eine eindeutige Antwort: ~~Überhaupt nichts, ich erzähle die Geschichte nur so gerne.~~ Ziemlich viel, denn die Frage, ob sich zwei geometrische Objekte schneiden, ist nichts anderes als die Frage, ob es Punkte gibt, die gleichzeitig zu beiden Objekten gehören. Und genau mit dieser Sichtweise sollte man an die Problematik herangehen, dann ist sie schon halb gelöst.

In diesem Kapitel geht es darum, die Schnittgebilde von Geraden und Ebenen zu bestimmen; ein solches Schnittgebilde kann ein Punkt sein (wenn sich zwei Geraden schneiden oder eine Gerade eine Ebene durchstößt) oder auch eine Gerade (wenn sich zwei Ebenen schneiden). Auch wenn ein wenig Redundanz hereinkommt, so möchte ich doch diese drei Situationen getrennt nacheinander untersuchen: den

© Springer Fachmedien Wiesbaden GmbH, ein Teil von Springer Nature 2019
G. Walz, *Geraden und Ebenen im Raum*, essentials,
https://doi.org/10.1007/978-3-658-27373-6_3

Schnitt zweier Geraden, den Schnitt einer Geraden und einer Ebene sowie den Schnitt zweier Ebenen.

Eine Vorbemerkung noch: In diesem Kapitel wird es mehrfach darum gehen, lineare Gleichungssysteme zu lösen. Wie man das macht, können Sie beispielsweise in Walz (2018) kompakt nachlesen – aber natürlich auch in Hunderten anderer Mathematikbücher.

3.1   Schnitt zweier Geraden

Zu Beginn zeige ich Ihnen, wie man den Schnittpunkt zweier Geraden bestimmt – falls er denn existiert.

Schnitt zweier Geraden
Gegeben seien zwei Geraden

$$g_1 : \mathbf{x} = P_1 + t \cdot (P_2 - P_1) \ \text{und} \ g_2 : \mathbf{x} = Q_1 + s \cdot (Q_2 - Q_1).$$

- Man erstellt das lineare Gleichungssystem

$$P_1 + t \cdot (P_2 - P_1) = Q_1 + s \cdot (Q_2 - Q_1).$$

Beachten Sie, dass es sich dabei um ein System mit drei Gleichungen (die drei Komponenten müssen gleich sein) und zwei Unbekannten (t und s) handelt.
- Hat das System unendlich viele Lösungen, so sind die beiden Geraden identisch.
- Hat das System eine eindeutige Lösung, so haben die Geraden einen Schnittpunkt. Man berechnet diesen, indem man einen der beiden ermittelten Parameterwerte in die zugehörige Geradengleichung einsetzt.
- Ist das System unlösbar, so schneiden sich die beiden Geraden nicht.

Den ersten Fall musste ich nur der Vollständigkeit halber aufschreiben, der „Schnitt" einer Geraden mit sich selbst ist sicherlich eher uninteressant. Die anderen beiden Situationen erläutere ich jetzt durch je ein Beispiel.

Beispiel 3.1

a) Ich will den Schnittpunkt S der Geraden

$$g_1 : \mathbf{x} = \begin{pmatrix} 1 \\ 6 \\ 1 \end{pmatrix} + t \cdot \begin{pmatrix} 1 \\ -1 \\ 7 \end{pmatrix} \quad \text{und} \quad g_2 : \mathbf{x} = \begin{pmatrix} 3 \\ -2 \\ 0 \end{pmatrix} + s \cdot \begin{pmatrix} 0 \\ 2 \\ 5 \end{pmatrix}$$

bestimmen. Dazu erstelle ich zunächst das notwendige lineare Gleichungssystem, wobei ich gleich zur zeilenweisen Schreibweise übergehe, also jede Komponente mit dem Parameter multipliziere und mit der jeweiligen Komponente des Aufpunktes addiere. Das ergibt

$$\begin{aligned} 1 + t &= 3 \\ 6 - t &= -2 + 2s \\ 1 + 7t &= 5s, \end{aligned}$$

also

$$\begin{aligned} t &= 2 \\ -t - 2s &= -8 \\ 7t - 5s &= -1. \end{aligned}$$

Bereits die ersten beiden Zeilen dieses Systems haben die eindeutige Lösung $t = 2$ und $s = 3$. Nun darf man sich aber nicht zufrieden zurücklehnen, sondern muss prüfen, ob damit auch die dritte Gleichung erfüllt ist, denn ansonsten ist das Gesamtsystem unlösbar. Hier gilt aber

$$7 \cdot 2 - 5 \cdot 3 = -1,$$

also ist die dritte Gleichung erfüllt.

Den Schnittpunkt selbst ermittelt man nun, indem man wahlweise $t = 2$ in die erste oder $s = 3$ in die zweite Geradengleichung einsetzt; es ergibt sich beide Male $S = \begin{pmatrix} 3 \\ 4 \\ 15 \end{pmatrix}$.

b) Der Versuch, den Schnittpunkt der beiden Geraden

$$g_1 : \mathbf{x} = \begin{pmatrix} 1 \\ 6 \\ 1 \end{pmatrix} + t \cdot \begin{pmatrix} 1 \\ -1 \\ 7 \end{pmatrix} \text{ und } g_2 : \mathbf{x} = \begin{pmatrix} 3 \\ -2 \\ 1 \end{pmatrix} + s \cdot \begin{pmatrix} 0 \\ 2 \\ 2 \end{pmatrix}$$

zu bestimmen, führt analog zu Teil a) auf das lineare Gleichungssystem

$$\begin{aligned} t &= 2 \\ -t - 2s &= -8 \\ 7t - 2s &= 0. \end{aligned}$$

Dieses ist unlösbar: Die ersten beiden Zeilen haben die eindeutige Lösung $t = 2$ und $s = 3$, mit diesen Werten ist aber die dritte Gleichung nicht erfüllt. Die beiden Geraden schneiden sich also nicht.

∎

3.2   Schnitt von Gerade und Ebene

Die nächsten Seiten befassen sich mit dem Schnitt einer Geraden und einer Ebene. Ist die Ebene in Parameterform gegeben, so unterscheidet sich die Vorgehensweise wenig bis gar nicht von der gerade geschilderten; ich gebe sie direkt in algorithmischer Form an:

Schnitt einer Geraden mit einer Ebene in Parameterform
Gegeben sei eine Gerade

$$g : \mathbf{x} = P_1 + u \cdot (P_2 - P_1)$$

und eine Ebene

$$E : \mathbf{x} = Q_1 + t \cdot (Q_2 - Q_1) + s \cdot (Q_3 - Q_1).$$

• Man erstellt das lineare (3×3)-Gleichungssystem

$$P_1 + u \cdot (P_2 - P_1) = Q_1 + t \cdot (Q_2 - Q_1) + s \cdot (Q_3 - Q_1).$$

- Hat das System unendlich viele Lösungen, so ist die Gerade in der Ebene enthalten.
- Hat das System eine eindeutige Lösung, so gibt es einen Schnittpunkt. Man ermittelt diesen, indem man den ermittelten Parameterwert u in die Geradengleichung einsetzt.
- Ist das System unlösbar, so schneiden sich die Gerade und die Ebene nicht, sondern sind parallel.

Besserwisserinfo
Statt den Parameterwert u in die Geradengleichung einzusetzen, kann man natürlich auch die beiden ermittelten Parameterwerte t und s in die Ebenengleichung einsetzen; das ist aber im Allgemeinen mehr Aufwand.

Beispiel 3.2

a) Ich versuche, den Schnittpunkt der Geraden

$$g_1 : \mathbf{x} = \begin{pmatrix} 1 \\ -1 \\ 2 \end{pmatrix} + u \cdot \begin{pmatrix} 1 \\ 1 \\ -3 \end{pmatrix}$$

mit der Ebene

$$E : \mathbf{x} = \begin{pmatrix} 2 \\ 0 \\ -1 \end{pmatrix} + t \cdot \begin{pmatrix} 1 \\ 1 \\ 1 \end{pmatrix} + s \cdot \begin{pmatrix} -2 \\ -1 \\ 3 \end{pmatrix} \tag{3.1}$$

zu bestimmen. Dazu erstelle ich zunächst das Gleichungssystem, indem ich die Geraden- und die Ebenengleichung komponentenweise aufschreibe und gleichsetze. Das ergibt:

$$1 + u = 2 + t - 2s$$
$$-1 + u = t - s$$
$$2 - 3u = -1 + t + 3s,$$

also

$$u - t + 2s = \quad 1$$
$$u - t + s = \quad 1$$
$$-3u - t - 3s = -3.$$

Mithilfe des Gauß-Algorithmus bringt man dieses System in die folgende Dreiecksform:

$$u - t + 2s = 1$$
$$-4t + 3s = 0$$
$$s = 0.$$

Also ist $s = t = 0$ und $u = 1$. Der gesuchte Schnittpunkt lautet sonst

$$S = \begin{pmatrix} 2 \\ 0 \\ -1 \end{pmatrix}.$$

b) Nun versuche ich, den Schnittpunkt der in (3.1) gegebenen Ebene aus Teil a) mit der Geraden

$$g_2 : \mathbf{x} = \begin{pmatrix} 1 \\ -1 \\ 2 \end{pmatrix} + u \cdot \begin{pmatrix} -1 \\ 0 \\ 4 \end{pmatrix}$$

zu bestimmen. Das lineare Gleichungssystem lautet hier

$$1 - u = \quad 2 + t - 2s$$
$$-1 = \quad t - s$$
$$2 + 4u = -1 + t + 3s$$

und lässt sich auf folgende Dreiecksform bringen:

$$-u - t + 2s = 1$$
$$-t + s = 1$$
$$0 = 4.$$

Es ist also unlösbar, und daher haben die Gerade g_2 und die Ebene E keinen Schnittpunkt.   ■

Plauderei
Den Schnittpunkt einer Geraden und einer Ebene nennt man manchmal auch den **Durchstoßpunkt** der Geraden durch die Ebene.

Sind Sie nicht auch der Meinung, dass das andauernde Lösen von linearen Gleichungssystemen ein wenig langweilt? Ich jedenfalls schon, daher möchte ich Ihnen jetzt noch eine Methode vorstellen, mit der man den Schnittpunkt einer Geraden mit einer Ebene durch Lösen einer einzigen Gleichung bestimmen kann; Voraussetzung ist hierfür, dass die Ebenengleichung in parameterfreier Form vorliegt.

Schnitt einer Geraden mit einer Ebene in parameterfreier Form
Gegeben sei eine Gerade

$$g : \mathbf{x} = P_1 + t \cdot (P_2 - P_1)$$

und eine Ebene

$$E : ax + by + cz = D.$$

- Man setzt die drei Komponenten der Geradengleichung in die Ebenengleichung ein. Dies liefert eine Gleichung für den Parameter t.
- Ist die Gleichung auf $0 = 0$ reduzierbar, so ist die Gerade in der Ebene enthalten.
- Hat die Gleichung eine eindeutige Lösung, so gibt es einen Schnittpunkt. Man ermittelt diesen, indem man den ermittelten Parameterwert t in die Geradengleichung einsetzt.
- Ist die Gleichung unlösbar, so schneiden sich die Gerade und die Ebene nicht, sondern sind parallel.

Beispiel 3.3

a) Ich versuche, den Schnittpunkt der Ebene

$$E : 21x + 15y + 8z = 89$$

mit der Geraden

$$g : \mathbf{x} = \begin{pmatrix} 1 \\ 0 \\ 0 \end{pmatrix} + t \cdot \begin{pmatrix} 2 \\ 0 \\ -1 \end{pmatrix} \qquad (3.2)$$

zu bestimmen. Hierzu setze ich die drei Komponenten der in (3.2) gegebenen Geraden, also $x = 1 + 2t$, $y = 0$ und $z = -t$ in die Ebenengleichung ein; das ergibt

$$21 \cdot (1 + 2t) + 15 \cdot 0 + 8 \cdot (-t) = 89.$$

Mithilfe einer kleinen Nebenrechnung findet man $t = 2$. Setzt man diesen Parameterwert wiederum in die Geradengleichung ein, erhält man den Schnittpunkt

$$S = \begin{pmatrix} 5 \\ 0 \\ -2 \end{pmatrix}.$$

b) Nun versuche ich, den Schnittpunkt der Ebene

$$E : x - y + z = -1$$

mit der Geraden

$$g : \mathbf{x} = \begin{pmatrix} 2 \\ 1 \\ 1 \end{pmatrix} + t \cdot \begin{pmatrix} -1 \\ 0 \\ 1 \end{pmatrix} \qquad (3.3)$$

zu berechnen. Wiederum setze ich die drei Komponenten der Geradengleichung, hier $x = 2 - 3t$, $y = 1$ und $z = 1 + t$, in die Ebenengleichung ein. Dies liefert die Gleichung

$$(2 - t) - 1 + (1 + t) = -1,$$

also

$$2 = -1.$$

Offensichtlich ist diese Gleichung unlösbar, also haben die Gerade und die Ebene keinen Schnittpunkt. ■

3.3   Schnitt zweier Ebenen

Zum Abschluss dieses Kapitels und damit des ganzen Büchleins möchte ich Ihnen noch zeigen, wie man den Schnitt zweier Ebenen bestimmen kann. Es ist anschaulich klar, dass dieser Schnitt, falls die Ebenen nicht parallel oder gar identisch sind, aus einer Geraden besteht.

Da Sie zwei Darstellungsformen für Ebenen kennengelernt haben, gibt es drei verschiedene Situationen: Beide Ebenen sind in Parameterform gegeben, beide Ebenen sind in parameterfreier Form gegeben, oder eine der Ebenen ist in Parameterform, die andere in parameterfreier Form gegeben. Für jeden dieser drei Fälle werden Sie nun ~~ob Sie wollen oder nicht~~ eine Vorgehensweise zur Ermittlung der Schnittgeraden kennenlernen.

Schnitt zweier Ebenen in Parameterform
Gegeben seien zwei Ebenen in Parameterform.

- Man setzt die beiden Ebenengleichungen gleich. Beachten Sie, dass es sich dabei um ein System mit drei Gleichungen (die drei Komponenten müssen gleich sein) und vier Unbekannten (den Parametern der beiden Ebenen) handelt.
- Man wendet man den Gauß-Algorithmus an, um die Anzahl der Parameter zu reduzieren.
- Hat das System eine zweiparametrige Lösungsmenge, so sind die beiden Ebenen identisch.
- Hat das System eine einparametrige Lösungsmenge, mit anderen Worten, eine Gerade, so schneiden sich die beiden Ebenen, und die Lösungsmenge ist die gesuchte Schnittgerade.
- Ist das System unlösbar, so schneiden sich die beiden Ebenen nicht, sondern sind parallel.

Keine Sorge, ich erläutere auch das an einem Beispiel.

Beispiel 3.4
Zu bestimmen sei die Schnittgerade der beiden Ebenen

$$E_1 : \mathbf{x} = \begin{pmatrix} 1 \\ 0 \\ 1 \end{pmatrix} + s_1 \cdot \begin{pmatrix} -2 \\ 1 \\ 0 \end{pmatrix} + t_1 \cdot \begin{pmatrix} 3 \\ 1 \\ -1 \end{pmatrix}$$

und

$$E_2 : \mathbf{x} = \begin{pmatrix} -1 \\ 1 \\ 1 \end{pmatrix} + s_2 \cdot \begin{pmatrix} 4 \\ -2 \\ 0 \end{pmatrix} + t_2 \cdot \begin{pmatrix} 1 \\ 0 \\ -2 \end{pmatrix}.$$

Gleichsetzen der beiden Darstellungen liefert hier das lineare Gleichungssystem

$$
\begin{aligned}
1 - 2s_1 + 3t_1 &= -1 + 4s_2 + t_2 \\
s_1 + t_1 &= 1 - 2s_2 \\
1 \qquad - t_1 &= 1 \qquad - 2t_2,
\end{aligned}
$$

also

$$
\begin{aligned}
-2s_1 + 3t_1 - 4s_2 - t_2 &= -2 \\
s_1 + t_1 + 2s_2 &= 1 \\
-t_1 \qquad + 2t_2 &= 0.
\end{aligned}
$$

Mithilfe des Gauß-Algorithmus erzeugt man hieraus folgende Dreiecksform:

$$
\begin{aligned}
-2s_1 + 3t_1 - 4s_2 - t_2 &= -2 \\
5t_1 \qquad - t_2 &= 0 \\
9t_2 &= 0.
\end{aligned}
$$

Es ist also $t_1 = t_2 = 0$, s_1 und s_2 sind beliebig. Die gesuchte Geradengleichung lautet also unter Verwendung von E_1:

$$g : \mathbf{x} = \begin{pmatrix} 1 \\ 0 \\ 1 \end{pmatrix} + s_1 \cdot \begin{pmatrix} -2 \\ 1 \\ 0 \end{pmatrix}$$

und unter Verwendung von E_2:

$$g : \mathbf{x} = \begin{pmatrix} -1 \\ 1 \\ 1 \end{pmatrix} + s_2 \cdot \begin{pmatrix} 4 \\ -2 \\ 0 \end{pmatrix}.$$

Sie können sich – beispielsweise durch Berechnung verschiedener Geraden-punkte – leicht davon überzeugen, dass es sich um dieselbe Gerade handelt. ∎

Nun zur zweiten der eingangs aufgezählten Situationen; falls Sie übrigens verzwei-felt auf weitere Beispiele zum Thema „Schnitt zweier Ebenen" warten, kann ich Sie beruhigen: Die kommen noch, ganz am Ende des Textes.

Schnitt zweier Ebenen in parameterfreier Form
Gegeben seien zwei Ebenen E_1 und E_2 in parameterfreier Form:

$$E_1 : a_1 x + b_1 y + c_1 z = D_1$$
$$E_2 : a_2 x + b_2 y + c_2 z = D_2.$$

- Man fasst die beiden Ebenengleichungen zu einem linearen Gleichungs-system mit zwei Gleichungen und drei Unbekannten zusammen.
- Man addiert ein geeignetes Vielfaches der ersten Zeile auf die zweite, um eine der Variablen zu eliminieren.
- Wird die zweite Gleichung dadurch zu $0 = 0$, so sind die Ebenen identisch.
- Ist die zweite Gleichung unlösbar, so schneiden sich die Ebenen nicht, sondern sind parallel.
- In allen anderen Fällen hat das System eine einparametrige Lösungs-menge, mit anderen Worten, eine Gerade, nämlich die gesuchte Schnitt-gerade.

Beispiel 3.5

a) Gegeben seien die beiden Ebenen

$$E_1 : x - y + z = 1$$

und

$$E_2 : 2x + y - z = -4.$$

Das aus beiden Ebenengleichungen kombinierte lineare Gleichungssystem lautet also

$$x - y + z = 1$$
$$2x + y - z = -4.$$

Zieht man hier beispielsweise das Doppelte der ersten Zeile von der zweiten ab, erhält man

$$x - y + z = 1$$
$$3y - 3z = -6.$$

Das sind zwei Gleichungen und drei Unbekannte, das System hat daher unendlich viele Lösungen. Eine der Variablen ist also nicht festzulegen, welche, ist egal, ich entscheide mich für z und setze, um dies zu kennzeichnen, $z = t$. Damit erhalte ich für die beiden anderen Variablen $y = -2 + t$ und $x = 1 + y - z = -1$.

Stellt man dies vektoriell dar, so ergibt sich:

$$\begin{pmatrix} x \\ y \\ z \end{pmatrix} = \begin{pmatrix} -1 \\ -2 + t \\ t \end{pmatrix} = \begin{pmatrix} -1 \\ -2 \\ 0 \end{pmatrix} + t \cdot \begin{pmatrix} 0 \\ 1 \\ 1 \end{pmatrix}.$$

Dies ist die gesuchte Geradengleichung.

b) Nun versuche ich, den Schnitt der beiden Ebenen

$$E_1 : \ x + y + z = 3$$

und

$$E_2 : \ -x - y - z = 1$$

zu bestimmen. Hierbei entsteht das Gleichungssystem

$$x + y + z = 3$$
$$-x - y - z = 1$$

Addiert man diese beiden Zeilen, erhält man

$$x + y + z = 3$$
$$0 = 4$$

Das ist offensichtlich unlösbar, die beiden Ebenen schneiden sich also nicht (sondern sind parallel). ∎

Den vielleicht ungewöhnlichsten Fall gebe ich nun zum Abschluss an.

Schnitt zweier Ebenen in unterschiedlicher Darstellungsform
Gegeben sei eine Ebene E_1 in Parameterform:

$$E_1 : \mathbf{x} = P_1 + t \cdot \mathbf{u} + s \cdot \mathbf{v}$$

und eine weitere Ebene E_2 in parameterfreier Form:

$$E_2 : ax + by + cz = D.$$

- Man setzt die drei Komponenten von E_1 in die Gleichung von E_2 ein. Dies liefert eine Gleichung für die Parameter t und s.
- Ist die Gleichung auf $0 = 0$ reduzierbar, so sind die Ebenen identisch.
- Ist die Gleichung unlösbar, so schneiden sich die Ebenen nicht, sondern sind parallel.
- Ergibt sich eine eindeutige Beziehung zwischen s und t, so eliminiert man dadurch in der Gleichung für E_1 einen der Parameter. Es ergibt sich die gesuchte Gleichung der Schnittgeraden.

Beispiel 3.6

a) Gegeben seien die Ebenen

$$E_1 : \mathbf{x} = \begin{pmatrix} 0 \\ 1 \\ 1 \end{pmatrix} + s \cdot \begin{pmatrix} 1 \\ -2 \\ 0 \end{pmatrix} + t \cdot \begin{pmatrix} 2 \\ 0 \\ 3 \end{pmatrix}$$

und
$$E_2 :\ x - 2z = 1.$$

Um die Schnittgerade zu bestimmen, setze ich die drei Komponenten von E_1, also $x = s + 2t$, $y = 1 - 2s$ und $z = 1 + 3t$, in die Gleichung von E_2 ein (wobei hier allerdings y gar nicht benötigt wird). Dies ergibt

$$(s + 2t) - 2(1 + 3t) = 1,$$

also
$$s = 3 + 4t.$$

Damit kann man in der Gleichung von E_1 den Parameter s eliminieren und erhält

$$\mathbf{x} = \begin{pmatrix} 0 \\ 1 \\ 1 \end{pmatrix} + (3 + 4t) \cdot \begin{pmatrix} 1 \\ -2 \\ 0 \end{pmatrix} + t \cdot \begin{pmatrix} 2 \\ 0 \\ 3 \end{pmatrix} = \begin{pmatrix} 3 \\ -5 \\ 1 \end{pmatrix} + s \cdot \begin{pmatrix} 6 \\ -8 \\ 3 \end{pmatrix}.$$

Dies ist eine Geradengleichung reinsten Wassers und stellt die gesuchte Schnittgerade dar.

b) Nun will ich versuchen, den Schnitt der Ebenen

$$E_1 : \mathbf{x} = \begin{pmatrix} 1 \\ 2 \\ 0 \end{pmatrix} + s \cdot \begin{pmatrix} 0 \\ 1 \\ 0 \end{pmatrix} + t \cdot \begin{pmatrix} 1 \\ 3 \\ 1 \end{pmatrix}$$

und
$$E_2 :\ x - z = 1$$

zu bestimmen. Auch hier setze ich die Komponenten von E_1 in die Gleichung von E_2 ein; das ergibt

$$(1 + t) - t = 1,$$

also
$$1 = 1.$$

Das ist zwar zweifellos richtig, stellt aber keine Beziehung zwischen den Koeffizienten her. Das bedeutet, dass *alle* Ebenenpunkte die Gleichung erfüllen, mit anderen Worten: E_1 und E_2 sind identisch.

c) Ich ändere Teil b) minimal ab, indem ich die Gleichung von E_2 ändere zu

$$E_2 : \ x - z = 2.$$

Dieselbe Vorgehensweise wie oben führt nun auf die Beziehung

$$1 = 2.$$

Das ist nun leider falsch, und das bedeutet, dass die beiden Ebenen sich nicht schneiden. ■

Plauderei
Damit wollte ich den Text eigentlich beenden, aber dann dachte ich mir, dass man eigentlich nicht mit einem in gewissem Sinn negativen Beispiel aufhören sollte; daher hier noch ein (versprochen!) allerletztes Beispiel:

Beispiel 3.7
Ich versuche, die Schnittgerade der beiden Ebenen

$$E_1 : \mathbf{x} = \begin{pmatrix} 0 \\ 3 \\ 0 \end{pmatrix} + s \cdot \begin{pmatrix} 1 \\ -1 \\ 0 \end{pmatrix} + t \cdot \begin{pmatrix} 0 \\ 0 \\ 1 \end{pmatrix}$$

und

$$E_2 : \ 3x - y + 2z = 1.$$

zu bestimmen. Dazu setze ich die drei Komponenten von E_1, also $x = s$, $y = 3 - s$ und $z = t$, in die Gleichung von E_2 ein. Dies ergibt

$$3s - (3 - s) + 2t = 1,$$

also

$$t = 2 - 2s.$$

Damit kann ich nun in der Gleichung von E_1 den Parameter t eliminieren und erhalte

$$\begin{pmatrix} 0 \\ 3 \\ 0 \end{pmatrix} + s \cdot \begin{pmatrix} 1 \\ -1 \\ 0 \end{pmatrix} + (2 - 2s) \cdot \begin{pmatrix} 0 \\ 0 \\ 1 \end{pmatrix} = \begin{pmatrix} 0 \\ 3 \\ 2 \end{pmatrix} + s \cdot \begin{pmatrix} 1 \\ -1 \\ -2 \end{pmatrix}.$$

Dies ist die gesuchte Schnittgerade.   ∎

Damit sind wir aber nun wirklich am Ende unseres kleinen Ausflugs in die Welt der Geraden und Ebenen angekommen. Wir haben praktisch bei null begonnen, und nun, knapp 50 Seiten später, beherrschen Sie bereits verschiedene Darstellungsmethoden für diese Objekte und können auf unterschiedliche Arten und Weisen deren Schnitte untereinander berechnen. Das ist doch eine ganz ordentliche Leistung, finden Sie nicht auch?

Was Sie aus diesem *essential* mitnehmen können

- Mit Vektoren kann man sowohl graphisch als auch analytisch rechnen
- Es gibt verschiedene Möglichkeiten, eine Ebene im Raum darzustellen, bspw. die Parameterform und die parameterfreie Form
- Die Umwandlung einer Ebenendarstellung in eine andere ist leicht machbar
- Schnitte von Geraden und Ebenen sowie von Ebenen untereinander kann man auf verschiedene Arten und Weisen bestimmen

© Springer Fachmedien Wiesbaden GmbH, ein Teil von Springer Nature 2019   49
G. Walz, *Geraden und Ebenen im Raum,* essentials,
https://doi.org/10.1007/978-3-658-27373-6

Literatur

Fischer, G. (2017). *Lernbuch Lineare Algebra und Analaytische Geometrie* (3. Aufl.). Heidelberg: Springer.

Kemnitz, A. (2014). *Mathematik zum Studienbeginn* (11. Aufl.). Heidelberg: Springer-Spektrum.

Schäfer, W., Georgi, K., & Trippler, G. (2006). *Mathematik-Vorkurs* (6. Aufl.). Wiesbaden: Vieweg und Teubner.

Walz, G. (2018). *Lineare Gleichungssysteme – Klartext für Nichtmathematiker*. Heidelberg: Springer-Spektrum.

© Springer Fachmedien Wiesbaden GmbH, ein Teil von Springer Nature 2019   51
G. Walz, *Geraden und Ebenen im Raum,* essentials,
https://doi.org/10.1007/978-3-658-27373-6

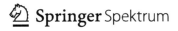

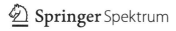

Printed in the United States
By Bookmasters